献给斯洛特足球队的卡伦、乔恩、琳赛、尼娜，还有奥利弗！

——斯图尔特·J.墨菲

献给我令人敬佩的侄女——埃米莉、劳拉、马茜、恩丽卡、菲奥娜和奥诺琪。
爱是我们共同的目标。

——辛西娅·贾巴

GAME TIME!

Text Copyright © 2000 by Stuart J. Murphy

Illustration Copyright © 2000 by Cynthia Jabar

Published by arrangement with HarperCollins Children's Books, a division of HarperCollins Publishers through Bardon-Chinese Media Agency

Simplified Chinese translation copyright © 2023 by Look Book (Beijing) Cultural Development Co., Ltd.

ALL RIGHTS RESERVED

著作权合同登记号：图字 13-2023-038号

图书在版编目（CIP）数据

洛克数学启蒙.4.比赛时间到 / (美) 斯图尔特·
J.墨菲文；(美) 辛西娅·贾巴图；静博译. -- 福州：
福建少年儿童出版社, 2023.9
ISBN 978-7-5395-8251-1

Ⅰ.①洛… Ⅱ.①斯…②辛…③静… Ⅲ.①数学 -
儿童读物 Ⅳ.①O1-49

中国国家版本馆CIP数据核字(2023)第074660号

LUOKE SHUXUE QIMENG 4 · BISAI SHIJIAN DAO

洛克数学启蒙4·比赛时间到

著　　者：[美] 斯图尔特·J.墨菲　文　[美] 辛西娅·贾巴　图　静博　译
出 版 人：陈远　出版发行：福建少年儿童出版社　http://www.fjcp.com　e-mail:fcph@fjcp.com　社址：福州市东水路76号17层（邮编：350001）
选题策划：洛克博克　责任编辑：邓涛　助理编辑：陈若芸　特约编辑：刘丹亭　美术设计：翠翠　电话：010-53606116（发行部）　印刷：北京利丰雅高长城印刷有限公司
开　　本：889 毫米 ×1092 毫米 1/16　印张：2.5　版次：2023 年 9 月第 1 版　印次：2023 年 9 月第 1 次印刷　ISBN 978-7-5395-8251-1　定价：24.80 元

MathStart®
洛克数学启蒙④

比赛时间到

祝我们好运!

[美]斯图尔特·J. 墨菲 文　　[美]辛西娅·贾巴 图　　静博 译

海峡出版发行集团
THE STRAITS PUBLISHING & DISTRIBUTING GROUP
福建少年儿童出版社
FUJIAN CHILDREN'S PUBLISHING HOUSE

时 间

星期六的训练开始之前，一群女孩路过足球场，大声喊道：
"二、四、六、八！大家心里谁最棒？猎鹰队！"

玛丽亚、丽贝卡和阿什莉带着奥利弗一起朝更衣室走去。她们毫不示弱，大声回应："哈士奇！哈士奇！我们最棒！接受挑战吧！"

3

距离猎鹰队与哈士奇队的足球对决赛只剩下一周时间了。去年，猎鹰队夺得了联盟冠军。"今年我们一定要击败他们！"丽贝卡说，"到时候我们会夺得冠军！"

"我们有最好的吉祥物。"阿什莉给了奥利弗一个大大的拥抱。

"已经10月7日了。"玛丽亚说,"距离比赛还有7天。我们必须全力以赴,努力训练。"

整整一个星期，哈士奇队都在练习运球、传球和射门。
奥利弗每场训练都会到场为队员们加油。
已经到了星期五，距离冠军赛只剩1天时间。

"别担心，"丽贝卡说，"再过24小时，比赛就结束了，我们将成为联盟冠军！"
"真的吗，奥利弗？"阿什莉说。
"汪汪！"奥利弗回应道。

星期六早上，丽贝卡、阿什莉和玛丽亚匆匆赶往足球场，与拉索教练和其他队员汇合。奥利弗也一路跟着她们。

她们上午9点钟抵达球场，比赛将于10点钟正式开始。她们还有1个小时的热身时间。猎鹰队已经到了赛场。她们看起来很强悍，状态很好，可以说是非常好。

"60分钟后，我们将成为猎鹰嘴里的食物。"玛丽亚沮丧地说。

在两队都做完拉伸和热身后，裁判员杰克来到了现场。现在是上午10点整。

杰克看了一下表，大声喊道：

"比赛开始！"

两队都为开球做好了准备。奥利弗在边线上来回奔跑。

两支球队在球场上来来回回地运球和传球，这种状态几乎持续了一刻钟。在此期间，没有人得分。突然，猎鹰队的一名队员冲破防守，奔向球门。

玛丽亚竭尽全力阻挡进球，但为时已晚。猎鹰队取得了第一个进球。杰克吹响了哨子，第一节比赛结束了。此时比赛已经过去了15分钟。

球队	得分	比赛剩余时间
猎鹰队	1	40:00
哈士奇队	0	分钟 秒

第二节比赛刚开始5分钟，一个队友将球传给了丽贝卡。
丽贝卡快速踢出一脚，足球从猎鹰队守门员的身边飞入球网。

　　距离第二节比赛结束还有2分钟。猎鹰队的一名队员又拿到了球。这时上半场比赛即将结束。他们已经踢了近30分钟。

　　阿什莉试图把球抢回来。但那名猎鹰队员带球绕过了她，直接射门得分。

球队	得分	比赛剩余时间
猎鹰队	2	30:00
哈士奇队	1	分钟 秒

"中场休息！"杰克大喊。
半小时过去了，猎鹰队得了2分，
哈士奇队得了1分。

$\frac{1}{2}$小时
=30分钟

两队队员跑到场外，他们有15分钟的休息时间。

18

在队员们休息喝水的时候，拉索教练切了些橙子分发给所有队员吃，他还给了奥利弗一块狗饼干。

"她们太厉害了，"玛丽亚叹着气说，"我们没机会夺冠。"

"我们可以做到的，"丽贝卡说，"还记得我们的口号吗？"

"哈士奇！哈士奇！我们最棒！接受挑战吧！"大家齐声喊道。奥利弗也跟着叫了起来。

"15分钟休息时间结束！"杰克大喊一声。队员们纷纷跑回球场。

21

下半场的前15分钟里，两队都防守得很好，没有一队进球。奥利弗在边线外认真地观看。

45分钟
$=\frac{3}{4}$小时

杰克吹响了哨子，示意第三节比赛结束。
他们已经踢了45分钟，猎鹰队仍然处于领先地位。

23

第四节比赛开始后，丽贝卡大喊道："这是我们最后的机会！"

"加油，哈士奇队，冲啊！"阿什莉充满激情地喊道。

奥利弗叫了又叫。

在这一节比赛的大部分时间里，没人能够得分。此时阿什莉拿到了球，她用头将球顶给了丽贝卡。

丽贝卡一个转身，接到了球，并一脚将球射入球门。
"比分扳平，"杰克喊道，"离比赛结束还有1分钟。"

猎鹰队再次拿到球，但丽贝卡冲过来直接抢走了球。她在球场上飞奔。这关键的最后1分钟已经过去了45秒。

　　拉索教练跑到场边。丽贝卡带球飞奔的时候，场外的观众开始齐声倒数："15，14，13，12……"

27

　　丽贝卡正准备一脚射门，可是一名猎鹰队员突然挡住了她的进攻线路。看来她没法直接射门进球了。

　　"11，10，9……"观众还在倒数。

　　丽贝卡快速将球传给玛丽亚，玛丽亚成功接球，并将球射入猎鹰队的球门，得分啦！

"哈士奇队获胜！哈士奇队赢了！"球员们欢呼起来。
两队球员互相握手，然后离开球场。
哈士奇队最终成为冠军！

1分钟=60秒

写给家长和孩子

　　《比赛时间到》所涉及的数学概念是时间。为了计量时间，我们使用了周、日、小时、分钟和秒等时间单位。弄清这些单位之间的换算关系，以及它们在时钟和日历上的表示方式，对孩子来说非常重要。

　　对于《比赛时间到》所呈现的数学概念，如果你们想从中获得更多乐趣，有以下几条建议：

　　1. 和孩子一起读故事，并让孩子列出故事中时间的计量单位（比如周、日、小时、分钟和秒）。

　　2. 再次阅读故事时，让孩子注意各种时间单位之间的换算关系。例如，1周=7天。

　　3. 让孩子列出自己一天中发生的4件事以及每件事发生的时间。让孩子画4个钟面，一个钟面显示一件事的发生时间。

　　4. 让孩子闭上眼睛默默估算1分钟的时间，估算时间到后就睁开眼睛，看看他估算的时间和实际时间相差多少。可以与家人或朋友一起来玩这个游戏，看看谁估算得最接近实际时间。

　　5. 和孩子一起数一数，1小时内有多少个半小时、多少个1刻钟、多少个1分钟。2小时内呢？

　　6.在日历上圈出孩子的生日，问问他，距离这一天还有多少个月、多少个星期、多少天。

1小时=60分钟

$\frac{1}{4}$小时=15分钟

如果你想将本书中的数学概念扩展到孩子的日常生活中，可以参考以下这些游戏活动：

1. 住宅大搜索：你能在家里找到多少种钟表？你能找到手表、挂钟、秒表、闹钟，以及烤箱或微波炉上的计时器吗？这些钟是一样的吗？它们有什么不同？

2. 烘焙：和孩子一起烤蛋糕，让他留意蛋糕需要烘烤多长时间，以及蛋糕放入烤箱的具体时间。隔一段时间就问问孩子，离烤好蛋糕还有多长时间。当剩余时间不到1分钟时，问问他还剩多少秒。蛋糕烤好后，让他猜猜吃一块蛋糕需要多长时间。

3. 做家务：在准备开始做一项家务（例如打扫卧室）之前，让孩子预估做完这件事需要多长时间。对于用时不到1分钟的家务（如擦干杯子），以秒为单位来预测时间。在做家务的同时进行计时，然后检查一下实际需要的时间与预估的时间相差多少。

洛克数学启蒙

4-A

洛克数学启蒙
练习册

洛克博克童书　策划　　蔡桂真　范国锦　编写　　懂懂鸭　绘

✎ 小动物们到餐馆吃饭，一份午餐中含有一个荤菜和一个素菜，轮到小狗的时候，肉丸子和白菜已经卖完了。请你帮小狗挑选午餐，看看有几种搭配方式，写在旁边的空白处。

✎ 早上，比利和米莉起床穿衣服了。一件上衣搭配一条裤子，请你算一算，他们每人有几种不同的搭配方法。

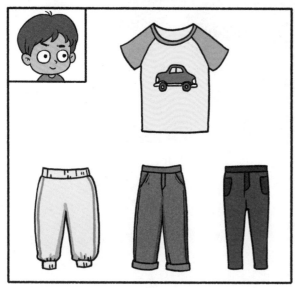

✎ 花花和爸爸一起去超市，花花要买一辆玩具车和一个球。请你连一连，把所有搭配方法都连起来。

✎ 小兔子回家的路上有一座石桥，请你数一数，小兔子有几种不同的走法。

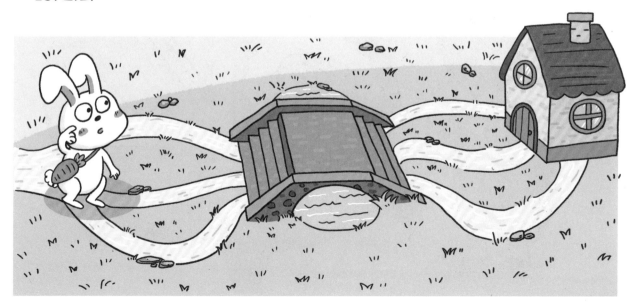

✎ 请你描出下列图形的周长。

✎ 桌子上有一个圆形饼干盒子，小马想量一量它的周长是多少。用什么工具测量最合适呢？请你把它圈出来。

✎ 周末，瑞瑞和马特到公园骑行。请根据题目，回答下面的问题。

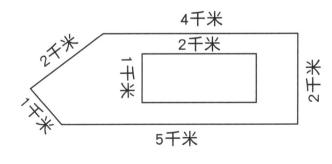

① 瑞瑞绕着公园骑了1圈，一共骑
   了____千米。

② 马特绕着湖骑了2圈，他和瑞瑞
   谁骑得远？

   瑞瑞　　　马特

③ 瑞瑞骑行1千米需要4分钟，绕
   公园骑行1圈需要____分钟。

✏️ 上午的篮球赛开始了。请你观察图片，写出篮球赛开始的时间。

✏️ 请你在钟面上画出对应的时间。

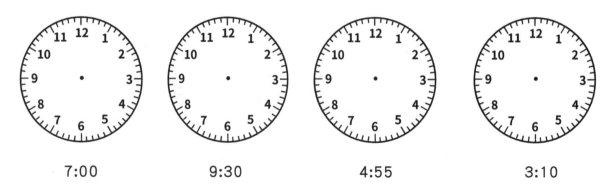

7:00   9:30   4:55   3:10

✎ 红红快乐的一天生活。

① 请你写出每幅图的时间。

② 请你按从早到晚的时间顺序给这些图排序。

✎ 每年的3月12日是植树节，植树节是宣传保护树木，参加植树造林活动的节日。小朋友们准备从植树节开始往后一周开展植树周活动。

① 请你在日历表中圈出植树节是哪一天。

② 请你在小朋友们开展植树周活动的日期里画上爱心。

③ 数一数，小朋友们在3月度过了____个周日。

④ 请你在3月最后一天画上"☆"，这一天是星期____。

⑤ 3月一共有____天。

✎ 今天是2022年9月11日，请你圈出没有过期的食物。

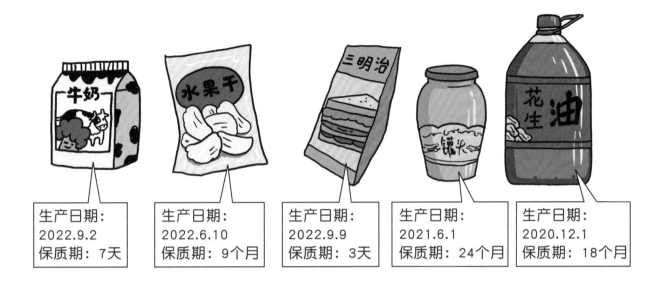

生产日期：2022.9.2　保质期：7天

生产日期：2022.6.10　保质期：9个月

生产日期：2022.9.9　保质期：3天

生产日期：2021.6.1　保质期：24个月

生产日期：2020.12.1　保质期：18个月

✎ 猜一猜，小动物们的生日分别是哪一天，并用线把小动物和它的
生日连起来。

我的生日比国庆节晚一天。

我的生日是儿童节那天。

我的生日是"五一"劳动节的前一天。

我今年12岁了，才过了三个生日。

| 4月30日 | 2月29日 | 10月2日 | 6月1日 |

🖊 每天我们的生活中会发生很多事。请你看看下面这些事件，在一定会发生的旁边画"√"，在不可能发生的旁边画"✕"，在可能发生的旁边画"〇"。

公鸡会下蛋 ☐

太阳从东方升起 ☐

我下次考100分 ☐

天上会下馅饼雨 ☐

我每天都在长大 ☐

明天下雪 ☐

🖊 玩转盘游戏。

甲　　　乙　　　丙　　　丁

① 转动转盘＿＿＿，指针落在四个区域的可能性一样大。

② 转动转盘＿＿＿，指针落在😊区域的可能性最大。

③ 转动转盘＿＿＿，指针落在⭐区域的可能性最小。

小朋友们正在玩摸球游戏。你知道他们的球是从哪个盒子里摸出的吗？请你用线把他们和对应的盒子连起来。

✎ 请你在图中画出小朋友们所描述的文具。

小文　我的铅笔有10厘米长。

小波　我有一个3厘米长的橡皮。

艾莉　我的胶棒比小波的橡皮长5厘米。

✎ 明明伸开手臂的长度大约是1米。请你估一估，这间教室的长度大约是____米，宽度大约是____米。

✎ 请你将下面的物体与它们各自的重量连在一起。

500克 10千克 20千克

✎ 生活中哪些物品的容量最适合用"升"做单位呢？请你把它们圈出来。

一大瓶果汁大约是1升。

✎一个蛋糕被切成了三块，
请你想一想：每块蛋糕占
这个蛋糕的几分之几？请
你填一填。

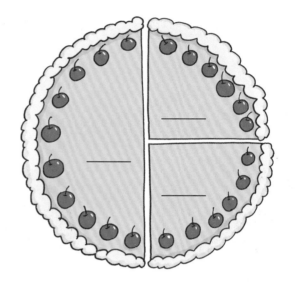

✎小鹿的水果摊上共有100个水果。请你帮小鹿算一算，每种水果
占整体的百分之几。

✎ 阳光超市最近在做活动，到店消费满199元的顾客都有一次转盘抽奖的机会。请你帮助超市完成抽奖转盘的设计。

需要有5%的可能抽中笔记本电脑，有20%的可能抽中电风扇，有50%的可能抽中毛巾套盒，剩下25%是谢谢参与。

幸运转转转

✎ 小昊、小佳和小刚在竞选班长，班级同学的投票意向如图。请你写出小佳的投票占比，把最终能当选班长的小朋友圈出来。

小佳

32%

小刚

28%

小昊

小昊

小佳

小刚

✏️ 请你比较下面两个图形的大小，并在面积更大的图形下面的□中画"√"。

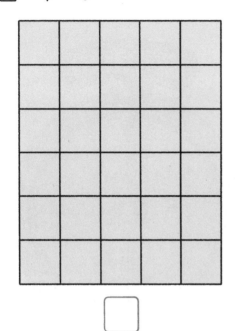 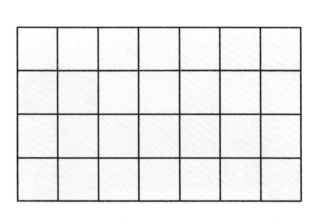

□   □

✏️ 请你比一比，哪只小蜜蜂筑的蜂巢大，并把相应的名次写在小蜜蜂的下面。

妈妈为了给西西做曲奇饼干，特意到商场买了两个烤盘。
下面____烤盘的面积更大。

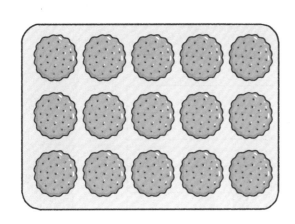

A

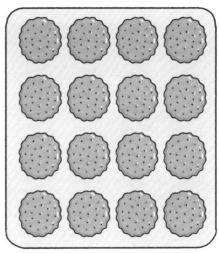

B

小动物们分别画了以下图形，比一比，____图形面积最大，____
图形面积最小。

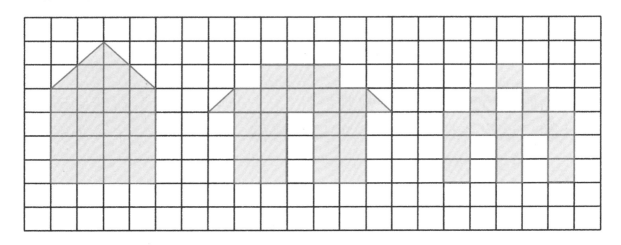

A

B

C

✎ 安安导演的一部电影最近上映了，他统计了上映后9天的票房。请观察条形统计图，回答下面的问题。

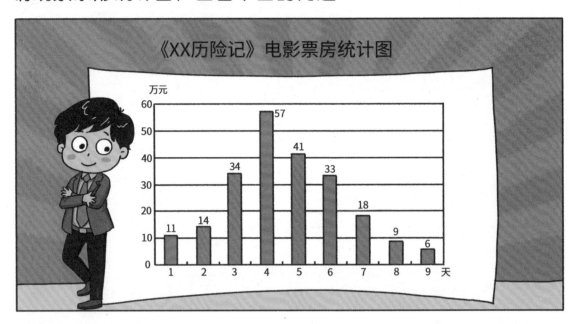

票房最高的是第_____天，有_____元。

票房最低的是第_____天，有_____元。

第5天和第6天的票房一共有_____元。

✎ 孩子们进行跳绳比赛，裁判把他们一分钟所跳的个数绘制成了统计图。请比一比，_____的成绩最好，跳了_____个，小齐再跳_____个就和她一样多了。

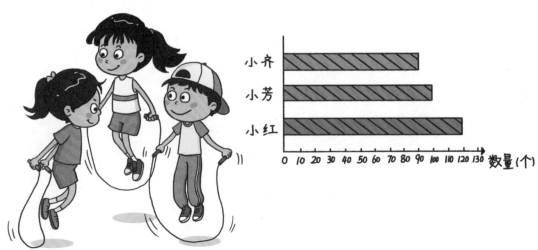

✎ 幸福小学要新购进一些体育用品，所以体育老师对三年级同学最喜欢的体育项目进行了调查。

喜欢的体育项目
篮球：30（人）
足球：20（人）
羽毛球：40（人）
长跑：10（人）

① 请你根据调查结果帮助体育老师完成统计图。
② 请你根据统计图，给体育老师的采购提个建议吧。

✏️ 下面哪些数比0还小？请你圈一圈。

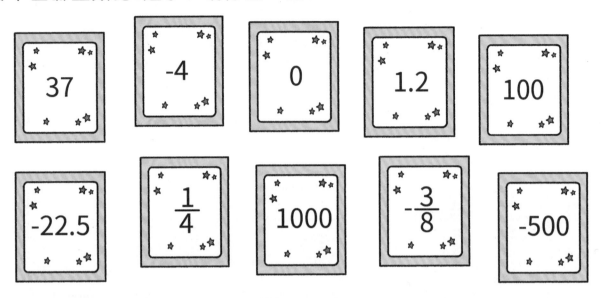

37	-4
0	1.2
100	

-22.5 $\frac{1}{4}$ 1000 $-\frac{3}{8}$ -500

✏️ 萌萌一直有记账的习惯，请你帮她完成今日的记账本吧。

11月1日工资收入为8000元，当天花300元买了一件毛衣，第二天花120元和朋友吃了火锅，第三天花2000元办了一张健身卡。

11月1日　星期二

工资：+8000元

支出：-300元　一件毛衣
- - - - - - - - - - - -
11月2日　星期三

支出：
- - - - - - - - - - - -
11月3日　星期四

支出：

✎ 一天中最热的时间一般在下午2:00，最冷的时间大约在凌晨5:00。

鹏鹏说："天气预报说，今天的最高气温是10℃，最低气温是____℃。"妈妈说："今天的最低气温比昨天还低了4℃。"那么，昨天的最低气温是____℃。

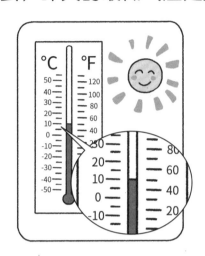
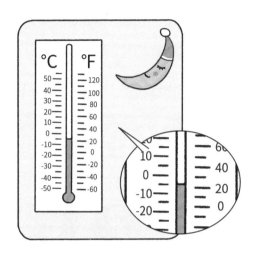

✎ 冬天来了，松鼠三兄弟在地底下藏了很多过冬的粮食。请根据松鼠们的话，标出它们藏食物的位置（以大树为起点，向东走为正，向西走为负）。

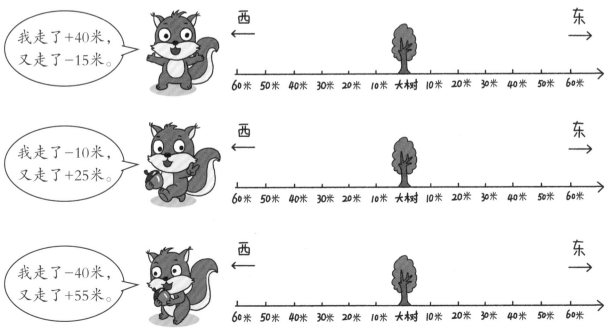

我走了+40米，又走了−15米。

西 ← 东 →

60米 50米 40米 30米 20米 10米 大树 10米 20米 30米 40米 50米 60米

我走了−10米，又走了+25米。

西 ← 东 →

60米 50米 40米 30米 20米 10米 大树 10米 20米 30米 40米 50米 60米

我走了−40米，又走了+55米。

西 ← 东 →

60米 50米 40米 30米 20米 10米 大树 10米 20米 30米 40米 50米 60米

✎ 璐璐打算经营一家鞋店，她看上了如右图所示的两间店面。这两间店面的租金相同，请你帮她选一选，哪间店面更划算。

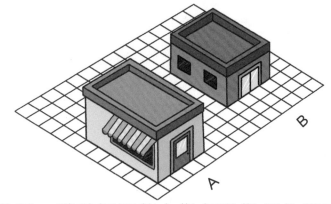

✎ 店面选定后，鞋店顺利开业了。璐璐把同款女鞋每种鞋号的销量做了统计，其中35号卖了7双，36号卖了63双，37号卖了80双，38号卖了42双，39号卖了5双，40号卖了2双。请你根据统计的数据，把统计图补充完整。

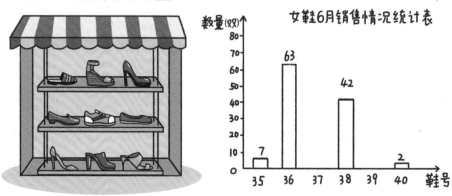

根据统计图可以看出_____号鞋卖得最好，_____号鞋卖得最少。

今天晚上7:30，贝贝的朋友要来家里做客。从现在开始，贝贝要
准备食物了！

① 如果贝贝想把菜单里的食物全部做出来，请问她在朋友到来之前能把食物
   准备好吗？　　　能□　　不能□
② 每个套餐里一个素菜、一个荤菜、一种主食，一共可以搭配出____种套餐。
③ 贝贝最后搭配了4种套餐，并决定从中选一种来做。请计算一下：做哪种套
   餐用时最短？在□里画"√"。

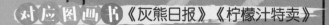
✏ 乐乐花店新到了一批鲜花，有玫瑰、郁金香、康乃馨和绣球。请你根据每种花的枝数帮乐乐花店店长完成两个统计图。

这里的花都是10枝为1束。有玫瑰5束、郁金香2束、康乃馨2束、绣球1束。

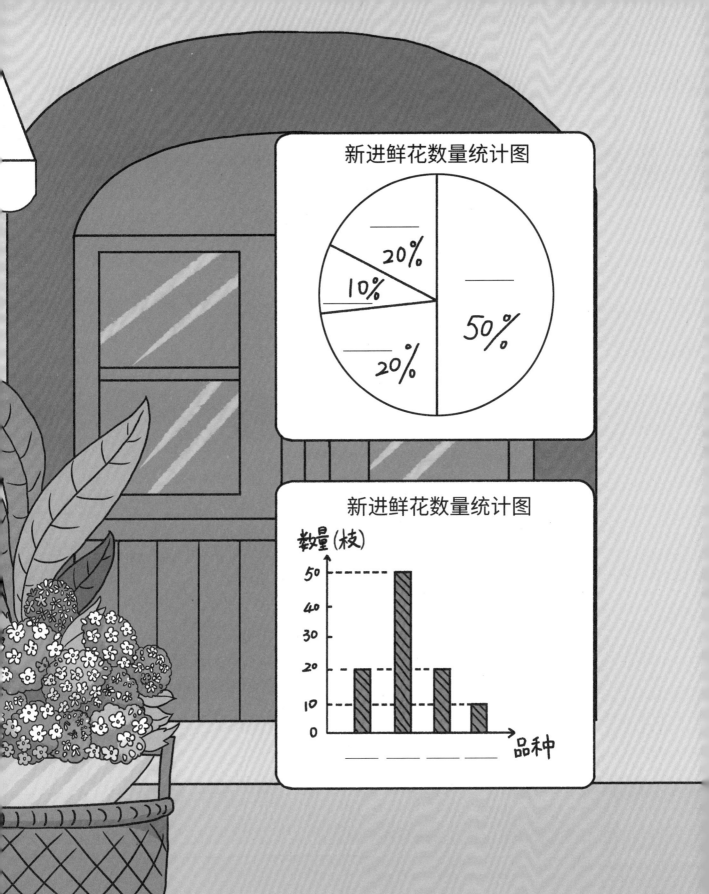

新进鲜花数量统计图

新进鲜花数量统计图

数量(枝)

品种

春天到了，小动物们的菜地里长出了绿油油的青菜，家门口开了很多漂亮的花朵，有蓝色的、粉色的、黄色的、红色的和紫色的，漂亮极了！

我家开的花不可能是蓝色的。

我家开的花可能是黄色的，也可能是粉色的。

我家开的花一定是红色的。

我家开的花可能是蓝色的，也可能是红色的。

① 每只小动物家门口会开出什么颜色的花呢？
  请你根据它们的描述涂色。

② 谁家的菜地最大呢？请你在菜地最大的小
  动物下面的□里画"√"。

③ 如果小动物们要给自己家的菜地围上篱笆，
  谁家用的篱笆最多呢？请你在用的篱笆最
  多的小动物下面的□里画"√"。

我家开的花一定是紫色的。

下午4时整，操场上同学们正在快乐地玩耍，请你仔细观察图片，一起回答问题吧！

① 请你在钟面上画时针和分针来表示小朋友们玩耍的时间。

② 东东在跑道上跑步。东东跑100米用了20秒，当东东跑600米时，他需要用_____分钟。

③ 华华和成成在玩飞盘游戏，华华射中哪种颜色的可能性更大呢？请你在相应的颜色后画"√"。　　红色□　　　　蓝色□

④ 请你根据对话内容，在日历中找到开运动会的那一天，并在上面画上一个"☆"。

28

洛克数学启蒙练习册4-A答案

P2

排骨+土豆　排骨+黄瓜

3　4

P3

9种

P4

P5

①瑞瑞绕着公园转了1圈，一共转了 **14** 千米。

②马特绕着湖转了2圈，他和瑞瑞谁转得远？ 答： 马特

③瑞瑞转行1千米需要4分钟，绕公园转行1圈需要 **56** 分钟。

P6

9:05AM

7:00　9:30　4:55　3:10

P7

①起床　②吃午餐　③去上学

7:00AM　12:00　7:50AM

④课间活动　⑤睡觉　⑥放学回家

10:35AM　9:00PM　6:15PM
　　　　　21:00　18:15

① ③ ④ ② ⑥ ⑤

P8

①见图示。

②见图示。

③数一数，小朋友们在3月度过了 **4** 个周日。

④请你在3月最后一天画上"☆"，这一天是星期 **五**

⑤3月一共有 **31** 天。

P9

4月30日　2月29日　10月2日　6月1日

P10

公鸡会下蛋 ✗　太阳从东方升起 ✓　我次考100分

天上会下饼雨 ✗　我每天都在长大 ✓　明天下雨

①转动转盘，指针落在四个区域的可能性一样大。

②转动转盘，指针在 **乙** 区域最大。

③转动转盘，指针在 **丙** 区域的可能性最小。

P11

5个红球　8个黄球

3个蓝球、2个红球　4个黄球、4个绿球

P12

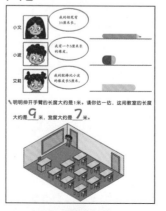

小文　我的铅笔有10厘米长。

小波　我有一个3厘米长的橡皮。

艾莉　我的跳绳比小波的橡皮长5.5厘米。

明明伸开手臂的长度大约是1米。请你估一估，这间教室的长度大约 **9** 米，宽度大约 **7** 米。

P13

500克　10千克　20千克

一大瓶果汁大约是1升。

P14

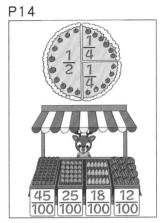

P15

P16

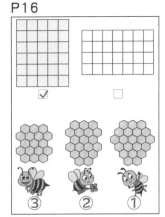

P17

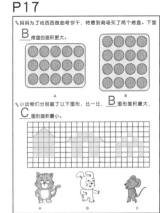

P18

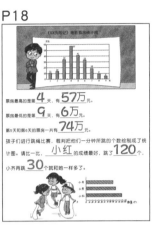

P19

P20

P21

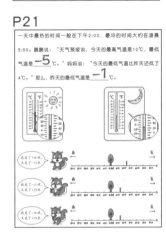

P22

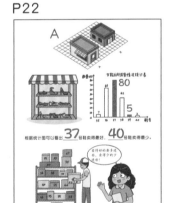

P23

P24~25

P26~27

P28~29

洛克数学启蒙
练习册

洛克博克童书 策划　蔡桂真 范国锦 编写　懂懂鸭 绘

✎ 早餐时间到。朵朵可以选一种饮品和一种主食来搭配，她一共有几种不同的选法呢？

□ 种

✎ 从"红""黄""蓝"三个字中选一个字做首字，再从"花""色""纸"三个字中选一个字组词，可以组成哪些词？请你写一写。

红 黄 蓝

花 色 纸

_____   _____   _____

_____   _____   _____

_____   _____   _____

_____   _____   _____

学校举办"六一"联欢会，请你仔细观察并回答问题。

① 如果规定台上的一名男生和一名女生搭配表演"恰恰舞"，点点和西西谁
  说得对？请在她下面的□中画"√"。

② 参加联欢会的同学，每人可以选择一种水果和一种糖。宸宸来晚了，香蕉
  和软糖没有了，宸宸能有_____种食物搭配。

✎ 熊大叔用篱笆围了三块长方形菜地，哪块地最节省篱笆？请将相应的序号圈出来。

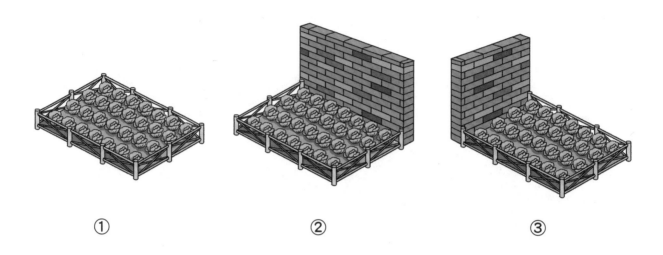

①　　　　　　　　　②　　　　　　　　　③

✎ 小小围着泳池慢走了一圈，请你算一算小小一共走了多少米。

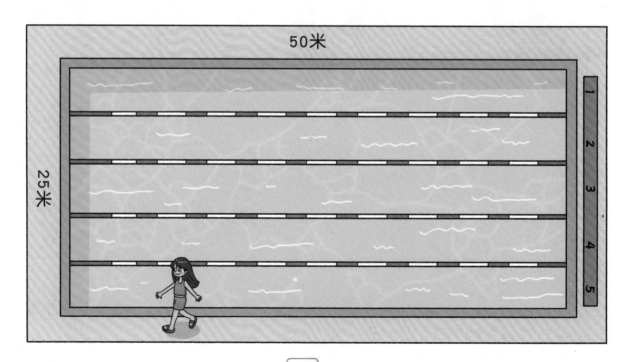

50米

25米

1
2
3
4
5

☐ 米

✎ 小兔子去菜地拔萝卜。请按要求回答下面的问题。

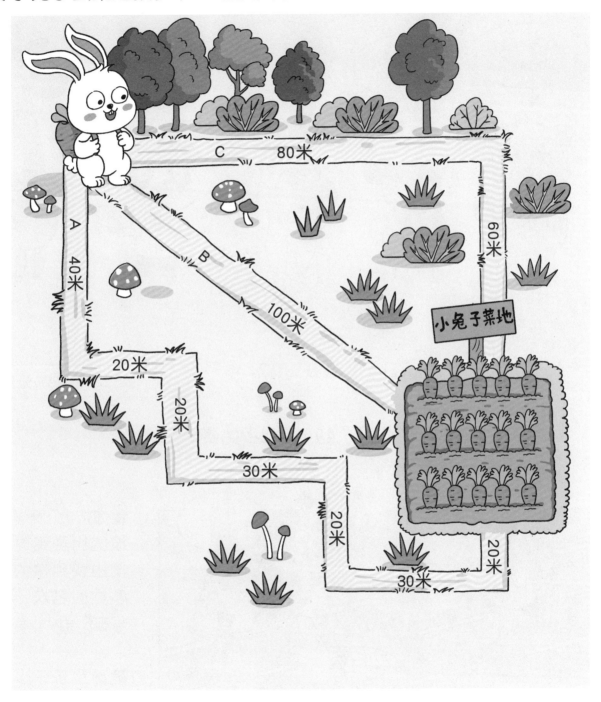

① 走____号路最近，走____号路最远。

② 如果走C号路，它需要走____米。

③ 走C号路比走B号路多走____米。

✏️ 请你把小动物与它们所需的时间连起来。

我写一个字的时间。

我每天的睡眠时间。

我早上刷牙的时间。

我做一顿午餐的时间。

我系红领巾的时间。

20秒钟	5秒钟	2分钟	20小时	20分钟

✏️ 运动会上，4个同学参加了400米跑步比赛。

珊珊，1分45秒。

乐乐，1分40秒。

静静，96秒。

悦悦，120秒。

① 请你按4个同学所报的比赛用时，按由快到慢的顺序排列名次，并写在□里。

② 静静比乐乐少用____秒钟。

下面是楠楠的北京一日游攻略。请将推算的正确时间填在 ⬜ 里。

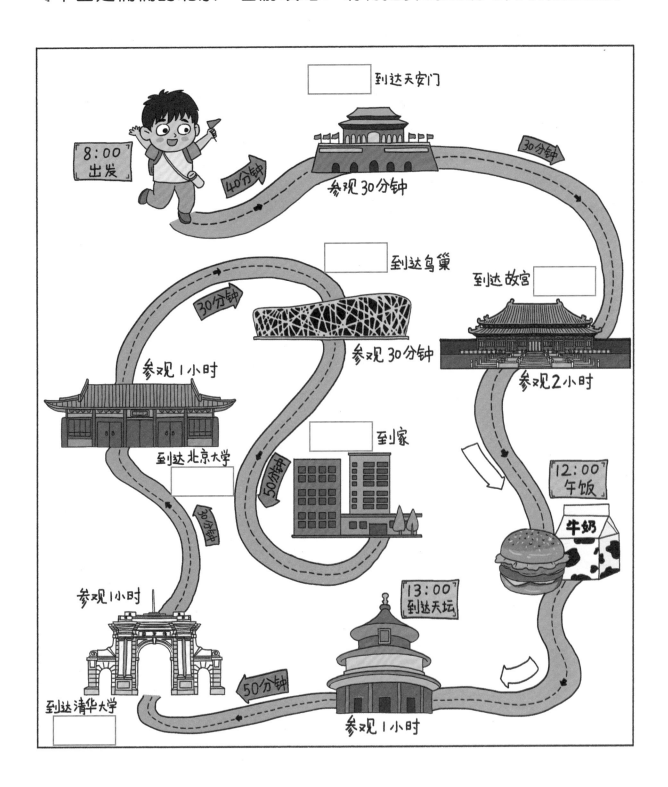

到达天安门

8:00 出发

40分钟

参观30分钟

30分钟

到达鸟巢

到达故宫

30分钟

参观30分钟

参观2小时

参观1小时

到家

到达北京大学

50分钟

12:00 午饭

牛奶

30分钟

参观1小时

13:00 到达天坛

50分钟

到达清华大学

参观1小时

✏️ 请你将节日和对应的日期连线。

教师节   劳动节   儿童节   元旦

| 5月1日 | 1月1日 | 9月10日 | 6月1日 |

✏️ 到2024年1月1日，下面这些家电哪些还在保修期内？请在还在保修期内的家电下面的□中画"√"。

购买日期：2023.07.16
保修期1年

购买日期：2021.05.20
保修期1年

购买日期：2020.12.13
保修期3年

购买日期：2023.01.05
保修期3年

购买日期：2022.06.08
保修期1年

小动物们要举办"美丽森林"画展。请按要求回答问题。

① 请在画展开始和结束的日期画"○"，画展一共展出____天。

② 画展结束后的第7天是小兔子的生日，请你在日历中圈出来。

③ 小狐狸6月3日出差回来，这天是星期____，小狐狸一共出差了____天。

④ 大象为祝贺画展开幕，提前2天预定了花束，它预定花束的日期是____月____日。

✏️ 2022年2月4日~2月20日，北京召开了第24届冬季奥林匹克运动会。

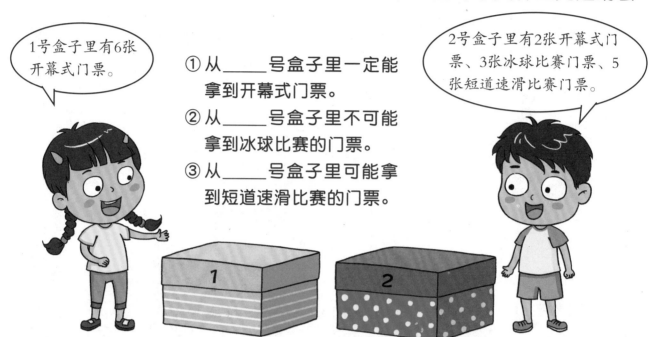

1号盒子里有6张开幕式门票。

2号盒子里有2张开幕式门票、3张冰球比赛门票、5张短道速滑比赛门票。

① 从＿＿＿号盒子里一定能拿到开幕式门票。

② 从＿＿＿号盒子里不可能拿到冰球比赛的门票。

③ 从＿＿＿号盒子里可能拿到短道速滑比赛的门票。

✏️ 以下每张卡片上只有1、3、5、7四个数字中的任一个，要使抽到数字"1"的可能性最大，抽到数字"3"的可能性最小，抽到数字"5"和数字"7"的可能性一样，应如何填写？请你在卡片上写下相应的数字。

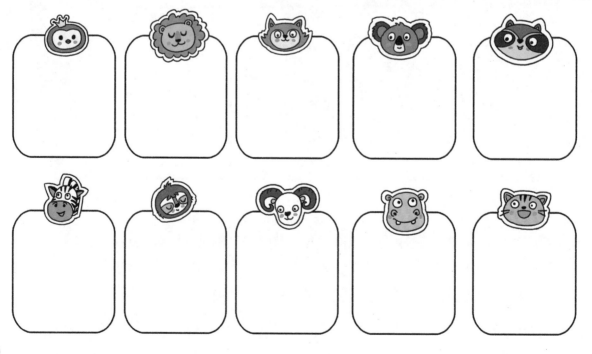

✎ 琪琪有个大果盘。请根据要求，回答下列问题。

① 琪琪随便拿出一种水果，一共有_____种可能性。

② 拿到哪种水果的可能性最大？请在该水果旁画"√"。

③ 拿到哪种水果的可能性最小？请在该水果旁画"×"。

④ 拿到哪两种水果的可能性一样大？请在这两种水果旁画"○"。

⑤ 如果要使拿到草莓的可能性最大，至少要加_____颗草莓。

⑥ 要使拿到香蕉和橘子的可能性一样大，琪琪应该怎么做？

✎ 下面哪个物品的长度最接近10厘米呢？请你圈一圈。

✎ 哪些物品的长度需要以"米"作为单位？请把它们圈出来。

✎ 请你将下面的物体与它的重量连一连。

| 220克 | 100千克 | 5千克 |

✎ 萱萱刚刚学习了长度和容积单位，快来看一看她说的对不对，在 ○中画上合适的表情。

 妈妈新买的黄瓜长20米。

 家里擦脸用的毛巾长7厘米。

我的身高大约是130厘米。

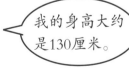 我的水壶的容量大约是300毫升。

13

✎ 六一儿童节，老师给班里的孩子们买了100件小礼品。请你在扇形统计图中找到表示七巧板的区域，将它涂成蓝色；找到表示蝴蝶结发卡的区域，将它涂成红色。

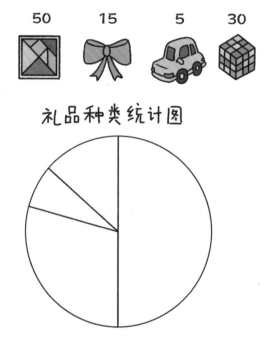

✎ 妈妈给彤彤买了一件毛衣，毛衣的标签上画着各种材质占比，请根据统计图回答问题。

涤纶 25%
羊毛 60%
棉 7%
兔毛 8%

这件毛衣_____的含量最高，_____的含量最低。

✎ 文文要去外地游玩，她查询了当地一个月的天气情况，并制作了一张统计图。根据图表显示，雨天占这个月总天数的____。

✎ 河马先生的小店里今天共卖出了100个气球。下面哪张统计图可以表示今天的气球销售情况？请你在相应的□下面画"√"。

✏️ 请你比较下面三个图形的大小，在面积最小的图形下面的○中
画"√"。

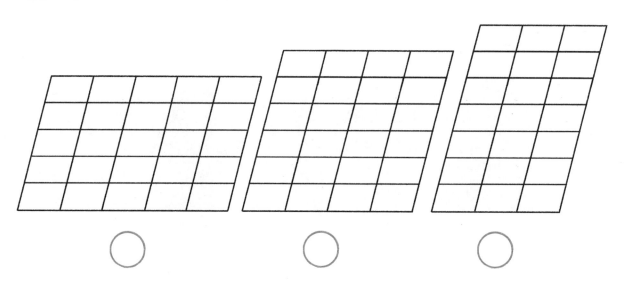

✏️ 小兔和小熊各自用同样大小的三角形玻璃片拼了一块杯垫，请你
比一比，在面积更大的杯垫右边的○中画"√"。

比较下面两块土地的大小，在面积更大的土地下面的○中画"√"。

想办法比较下面两个图形的大小，并在面积更大的图形下画"√"。

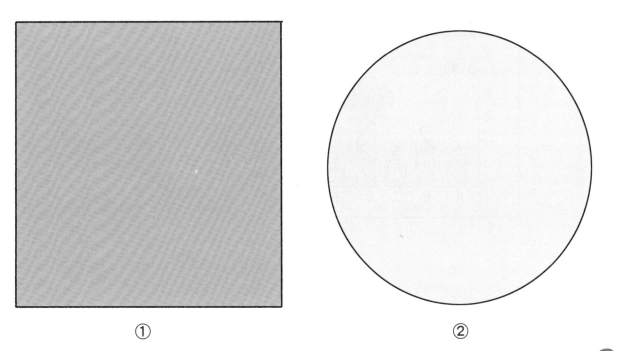

①　　　　　　　　　　　　　②

✎ 星光小学组织小朋友进行折纸活动。小朋友折的千纸鹤的数量最多，星星的数量最少，小青蛙和小兔子的数量同样多。根据这些信息，（　）里应填入的折纸类别是什么？请连一连。

✎ 小云不小心把统计图弄脏了一块，D对应的数据看不到了，请你想一想，猜猜D对应的数据可能是_____。

✎ 小夕对班上同学最喜爱的科目进行了调查，其中最喜欢语文的有8人，最喜欢音乐的有4人。快帮她完成统计图的绘制吧。

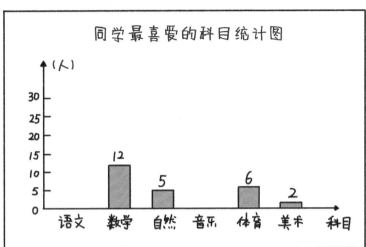

✎ 电影节要到了，丽丽调查了班里同学最喜爱的电影类型，并做成统计图。哪个统计图反映出了丽丽的调查结果？请把相应的序号圈出来。

✎ 请你用红笔在温度计上画出对应的温度。请你比较一下，谁家比较冷，并把相应的小朋友圈出来。

✎ 你知道小动物所在的位置上分别是什么数吗？请将这些数填在对应的□里。

✎ 找规律，请在空白的○里填上适当的数。

✎ 请你根据动物身上的数字，按从大到小的顺序给它们排序吧。

小朋友们在十字路口记录5分钟内通过的车辆。他们的记录表格如下：

车型	小轿车	卡车	自行车	摩托车
辆数	30	5	19	15

① 小朋友们根据统计表制作了一张条形统计图，你能帮他们把条形统计图补充完整吗？

② 对于四个同学关于下一辆车的说法，谁的表述更准确？请在相应的□里画"√"。

下一辆一定是小轿车。

下一辆可能是小轿车。

下一辆不可能是卡车。

下一辆四种车都有可能。

✎ 周末，晓晓和毛毛准备去看电影。

电影	放映时间
神秘的宇宙	9:10~10:20
月球探险记	10:40~12:00
疯狂木头人	13:30~15:00
变形金刚	15:30~16:50

① 她们8:40出门，路上需要20分钟，她们能赶上看《神秘的宇宙》吗？ □能 □不能

② 《月球探险记》放映时长为_____分钟。

③ 在抽奖区域，指针停在哪儿就能免费看哪场电影。你认为她们免费看哪场电影的可能性大呢？请在转盘上圈一圈。

✎ 3月12日是植树节，班里开展了植树活动。快看，孩子们已经忙碌起来了！

① 第一块地已经种满了树，为了保护树苗，孩子们准备在这块地的四周圈上一圈篱笆，请你算一算，需要_____米的篱笆。

② 孩子们准备在第二块地里种一些花，如果从玫瑰、月季、郁金香中选择两种，有_____种选法。

③ 再过两个月是_____月_____日。

下面这些物体或图片所代表的区域，应该用什么单位来表示它们的长度呢？请你把它们与适当的单位连一连。

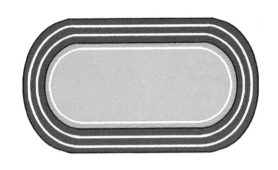

千米(km)

米(m)

分米(dm)

厘米(cm)

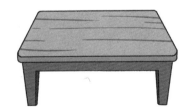

动物乐园里，很多小动物在参与园长助理的竞选活动，请你观察图片回答问题。

园长助理竞选

① 下面的扇形统计图是最后一轮的选票
   情况，请你帮大象写上它的支持率。

35%

25%

25%

② 最终_____当选为园长助理，支持
   它的动物占了整个乐园的_____%，
   比第2名的支持率高了_____%。

③ 如果共有100只动物参与了投票，那
   么_____只动物投给了大象，_____只
   动物投给了长颈鹿，_____只动物投
   给了斑马，_____只动物投给了狮子。

竞选完园长助理，大家一起开个派对吧！

多准备些什么食物好呢?

① 派对是从下午4时开始的，已经进行了_____小时_____分钟。

② 如果大象只能从4种水果中选择2种，有_____种不同选法。

③ 大象对动物们喜爱的食物进行了统计，共有100只动物参加。统计图如下，请根据统计图回答问题。

动物们最喜爱的食物统计图

百分比

	青草	肉	蛋糕	汤类
	30%	40%	20%	10%

喜欢肉的动物有_____只。

喜欢蛋糕的动物有_____只。

喜欢汤类的动物有_____只。

洛克数学启蒙练习册4-B答案

P2

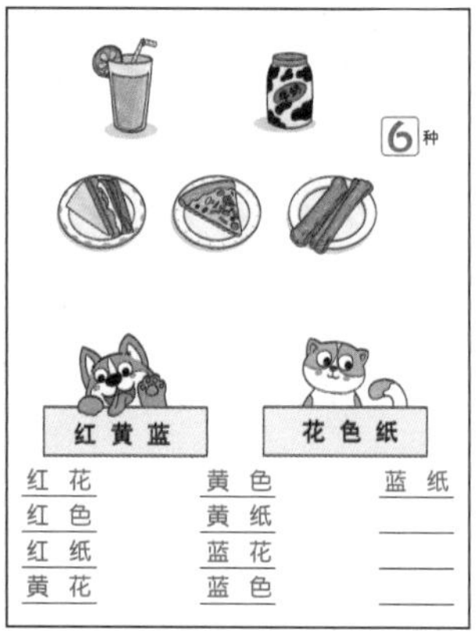

6种
红黄蓝
花色纸
红花
红色
红纸
黄花
黄色
黄纸
蓝花
蓝色
蓝纸

P3

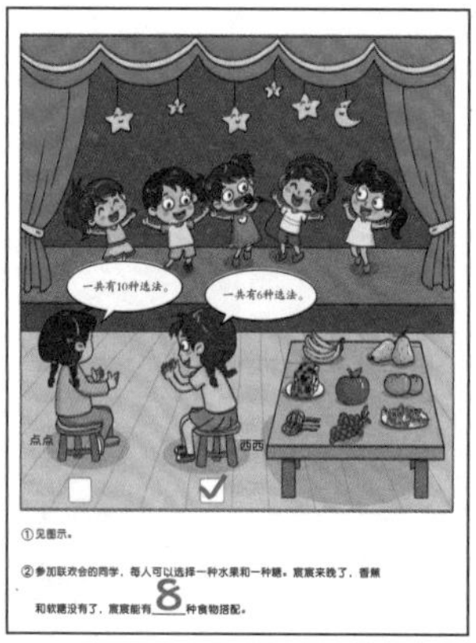

一共有10种选法。
一共有6种选法。
①见图示。
②参加联欢会的同学，每人可以选择一种水果和一种糖。莫莫来晚了，香蕉和软糖没有了，莫莫能有8种食物搭配。

P4

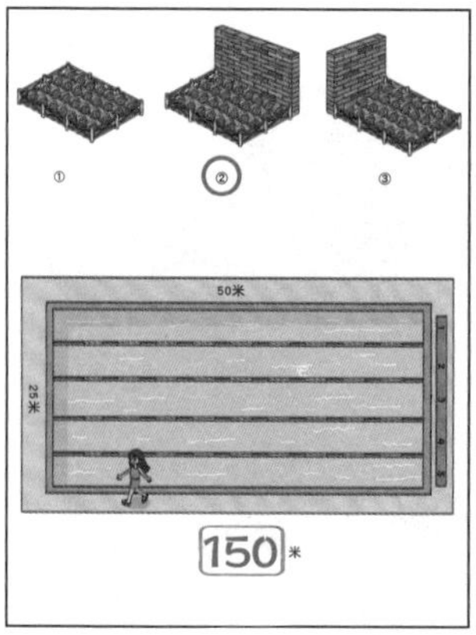

①
②
③
50米
25米
150米

P5

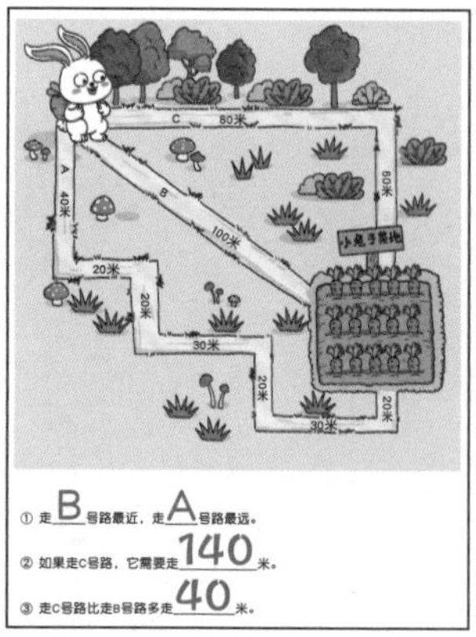

① 走B号路最近，走A号路最远。
② 如果走C号路，它需要走140米。
③ 走C号路比走B号路多走40米。

P6

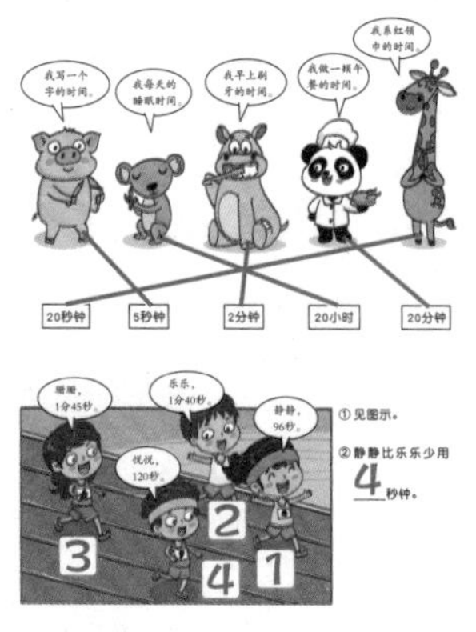

20秒钟
5秒钟
2分钟
20小时
20分钟
①见图示。
②静静比乐乐少用4秒钟。

P7

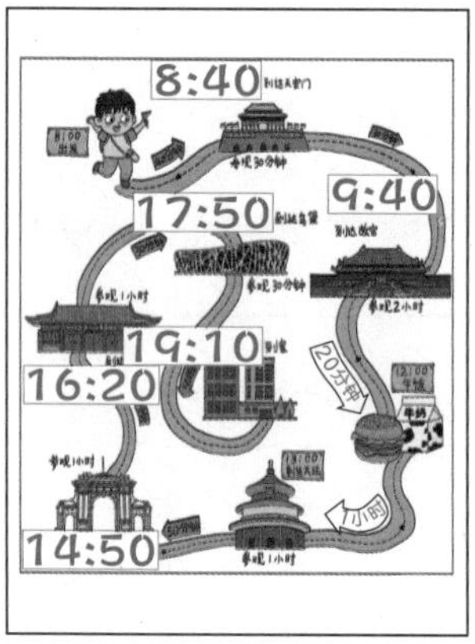

8:40
9:40
17:50
19:10
16:20
14:50

P8

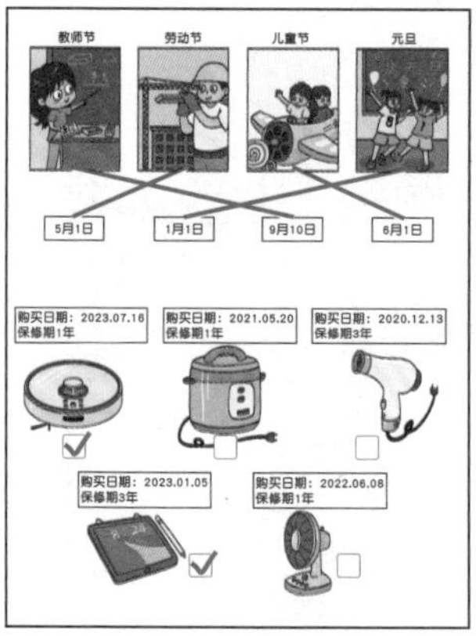

教师节
劳动节
儿童节
元旦
5月1日
1月1日
9月10日
6月1日
购买日期：2023.07.16 保修期1年
购买日期：2021.05.20 保修期1年
购买日期：2020.12.13 保修期3年
购买日期：2023.01.05 保修期3年
购买日期：2022.06.08 保修期1年

P9

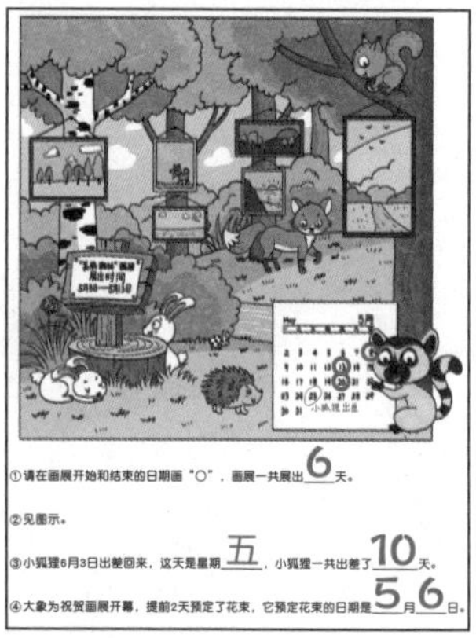

①请在画展开始和结束的日期画“○”，画展一共展出6天。
②见图示。
③小狐狸6月3日出差回来，这天是星期五，小狐狸一共出差了10天。
④大象为祝贺画展开幕，提前2天预定了花束，它预定花束的日期是5月6日。

P10

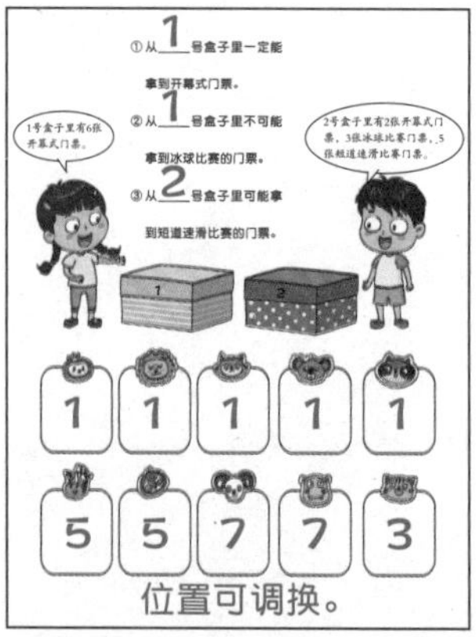

①从1号盒子里一定能拿到开幕式门票。
②从1号盒子里不可能拿到冰球比赛的门票。
③从2号盒子里可能拿到短道速滑比赛的门票。
1 1 1 1 1
5 5 7 7 3
位置可调换。

P11

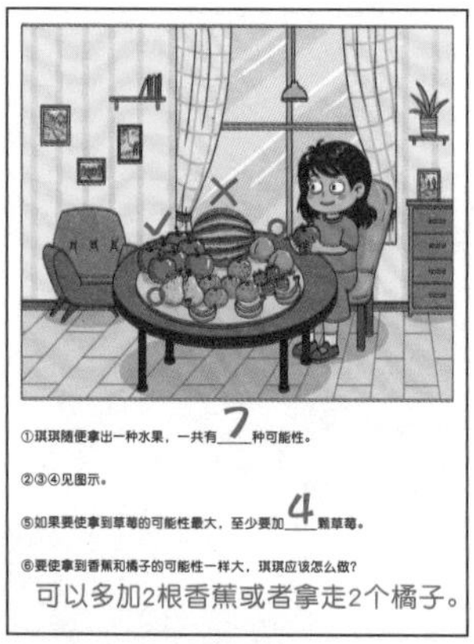

①琪琪随便拿出一种水果，一共有7种可能性。
②③④见图示。
⑤如果要使拿到草莓的可能性最大，至少要加4颗草莓。
⑥要使拿到香蕉和橘子的可能性一样大，琪琪应该怎么做？
可以多加2根香蕉或者拿走2个橘子。

P12

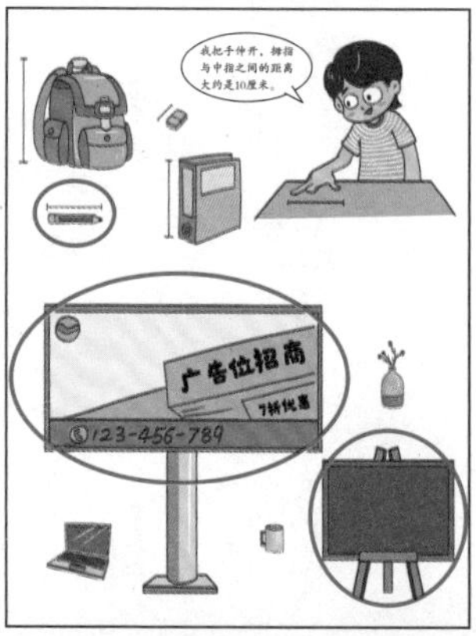

广告位招商
123-456-789

P13

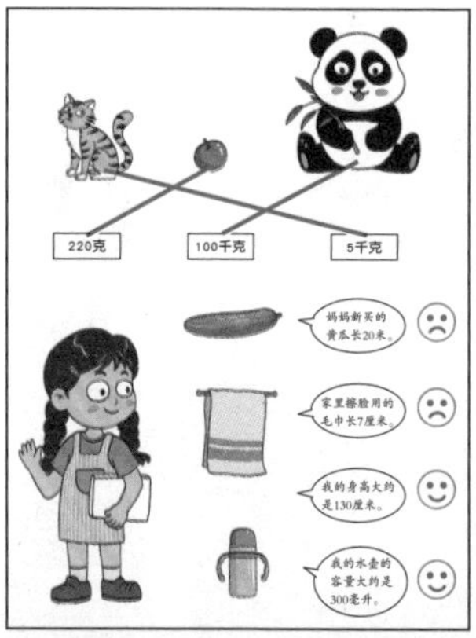

220克
100千克
5千克

P14

羊毛 棉

P15

10%

P16

P17

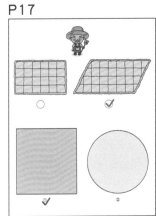

P18

15或16

答案不唯一。

P19

8 4

P20

−6 −3 4 7

P21

P22

P23

80

P24

① 40米

② 3 种

③ 5月12日

P25

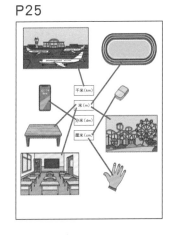

千米（km）
米（m）
分米（dm）
厘米（cm）

P26~27

长颈鹿

35 10

15 35 25 25

P28~29

2 小时 40 分

6

40 20 10

洛克数学启蒙
练习册

洛克博克童书 策划　　蔡桂真　范国锦 编写　　懂懂鸭 绘

晴晴要从每层书架上取一本书，请你算一算，共有____种取法。

3个小朋友坐火车去旅行，他们要分别坐在图中3节不同的车厢里，一共有几种安排方法？

共有____种安排方法。

如果每两个小朋友拍一张合照，他们一共拍了几张照片？请简单画一画，把总数写下来。

共拍了____张照片。

✎ 贝贝带的钱只够买下列学习用品中的两种，他可能带了多少钱？
请你把所有的可能性都写下来。

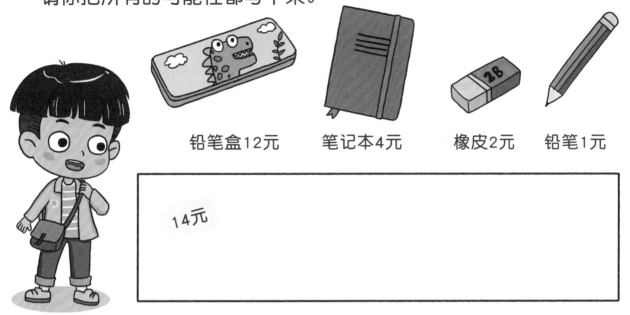

铅笔盒12元　　笔记本4元　　橡皮2元　　铅笔1元

14元

✎ 每两只小动物要通一次电话，请问下列这些小动物一共通了多少
次电话？请连一连，并把总数写下来。

共通了_____次电话。

✎ 乐乐准备在红旗的四周装饰上彩灯，两面红旗分别需要多少分米的彩灯线？请把答案写在○里。

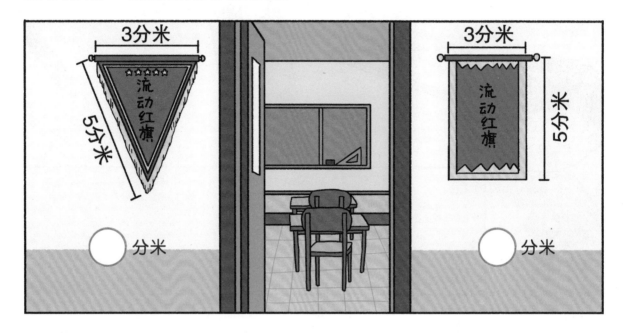

✎ 小动物们在散步，走完一圈后，看看它们谁走的路最长。请把它圈出来。

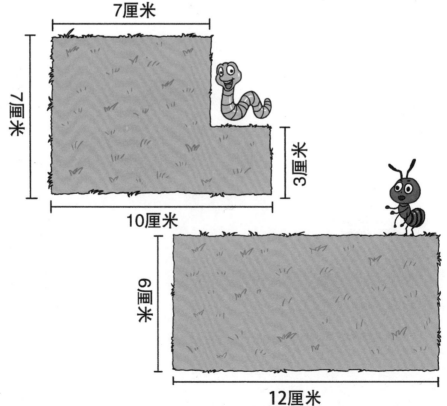

✎ 请算一算下列图形的周长，按要求回答问题。

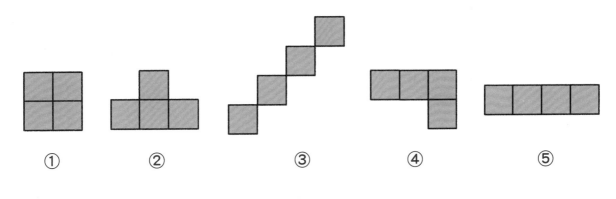

① ② ③ ④ ⑤

周长最长的是_____号图形；周长最短的是_____号图形。

✎ 每组中两个图形的周长一样吗？请在周长一样的组下画"√"，
在周长不一样的组下画"×"。

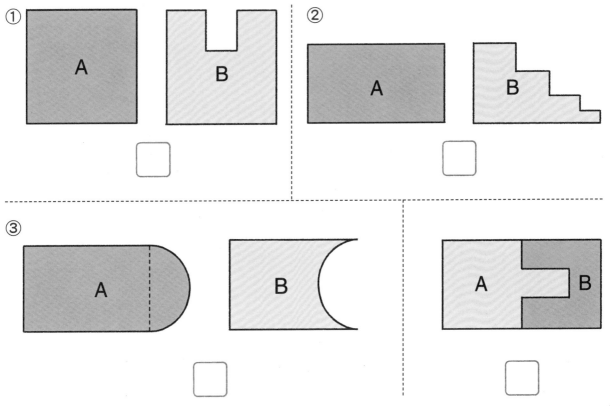

✎ 请你帮小动物们填上合适的时间单位。

写名字需要用时18_____。

我每天午睡需要用时1_____。

看一场电影需要用时120_____。

✎ 周末，小樱8:30离开家去超市购物。她到达超市时，超市开始营业了吗？

超市

我乘公交车用了20分钟，走路又走了5分钟。

营业时间
早9:00
至
晚9:00

营业 ◯　　未营业 ◯

如果未营业，小樱还要等_____分钟。

✎ 比比大小，在每组的○中填上"＞""＜"或"＝"。

60秒 ○ 6分

300秒 ○ 6分

2小时 ○ 180秒

$\frac{1}{4}$小时 ○ 30分

$\frac{3}{4}$小时 ○ 45分

✎ 用以下出行方式行走1千米各需要多长时间？请把出行方式和相应的用时连起来。

| 8分钟 | 20分钟 | 1分钟 | 5分钟 |

✎ 请你填上合适的数字，把小动物们的话补充完整。

一年有_____个月。

48小时是_____天。

5个星期是_____天。

2年半是_____个月。

2023年7月有_____天。

✎ 闰年共有366天，它的计算规则是"四年一闰，百年不闰，四百年再闰"。2000年是闰年，下面还有哪些年份是闰年？请你把它们圈出来。

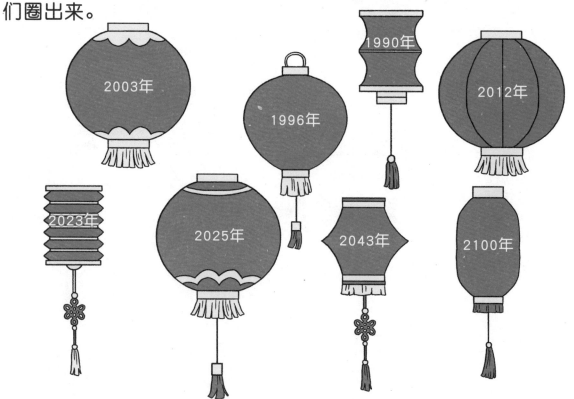

2003年

1996年

1990年

2012年

2023年

2025年

2043年

2100年

✎ 依依放暑假了。请根据下面提问，回答问题。

7月						2023
星期日	星期一	星期二	星期三	星期四	星期五	星期六
						1
2	3	4	5	6	7	8
9	10	11	12	13	14	15
16	17	18	19	20	21	22
23	24	25	㉖	27	28	29
30	31		爸爸出差			

8月						2023
星期日	星期一	星期二	星期三	星期四	星期五	星期六
		1	2	3	4	5
6	7	8	9	10	11	12
13	14	15	16	17	18	19
20	21	22	23	24	25	26
27	28	29	30	31		

① 这是_____年_____月和_____月的月历表，这两个月共有_____天。

② 依依从7月16日开始放暑假，请在月历中将这天圈出来。这天是星期_____。

③ 依依每周六和周日去游泳，这两个月她共游了_____次。

④ 爸爸一共要出差10天，他_____月_____日回来。

⑤ 依依9月1日开学，她暑假一共放了_____天假。

✎ 小慧、琪琪和月月分别参加了不同的兴趣班，你知道她们分别参加了哪一个吗？请你在表格对应的地方画"√"。

	钢琴班	画画班	舞蹈班
小慧			
琪琪			
月月			

✎ 便利店推出购物抽奖活动，舟舟去抽奖。

① 他抽到_____奖的可能性最大，抽到_____奖的可能性最小。

② 如果让抽到三等奖和纪念奖的可能性一样大，可以增加_____个三等奖，或者减少_____个纪念奖。

✎ 小动物们正在教室里上课，它们设计了不同颜色的转盘。

① 每个小动物手上都有红、黄、绿三色颜料。请根据小动物们说的话，给它们的转盘分别涂上颜色。

② 小动物们下课后要进行足球比赛。每种颜色代表一支队伍。如果用转盘决定哪队先开球，选择谁的转盘最公平呢？请把它圈出来。

✎ 晶晶要从北京去天津，请在下面的_____上填上合适的单位。

晶晶身高165_____，体重55_____，她拿着厚约1_____的身份证买了一张去天津的高铁票。她上了一节长约25_____的车厢，经过了30_____，到达了距离北京约120_____的天津。

蒙蒙过生日收到了好多礼物，她至少拿几次才能把礼物全拿进卧室？将组合的方案列一列，并写出正确答案。

✎ 我国陆地面积约960万平方千米。右下图是我国地形分布情况统计图，请根据统计图回答问题。

① 我国山地面积占总面积的_____。

② 在各种地形中，_____的面积最大，_____的面积最小。

③ 我国丘陵面积约有_____平方千米。

✎ 森林里共有40只小动物，有4只小动物来竞选森林使者，它们获得的选票数量如下。3张统计图中，哪张最准确地表示了选票情况？请把它的序号圈出来。

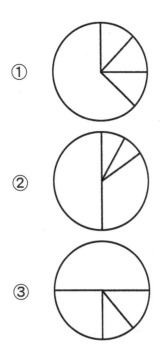

✏️ 右下图是关于琪琪一天时间分配的统计图。请根据统计图回答问题。

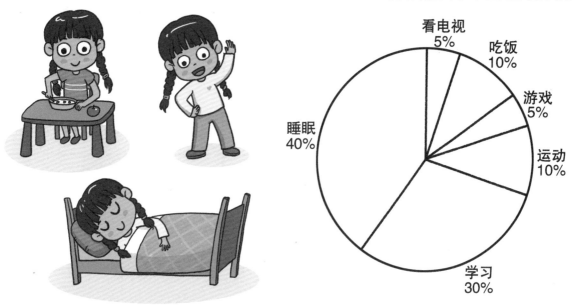

① 琪琪一天中看电视的时间有_____时_____分。

② 琪琪一天中学习的时间有_____时_____分。

✏️ 右下图是三班同学喜欢的电视节目统计图。请你把统计图补充完整，再回答问题。

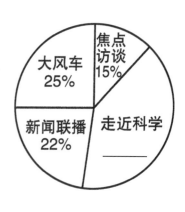

全班共60名同学，喜欢看《大风车》的有_____人。

✎ 请你比较下面两个图形的大小，把面积更大的图形的序号圈出来。

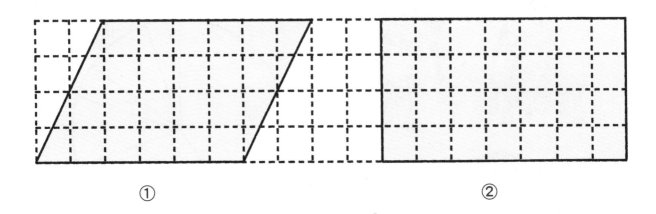

①   ②

✎ 先量一量下面两个长方形各边的长度，再想办法求出它们的面积。

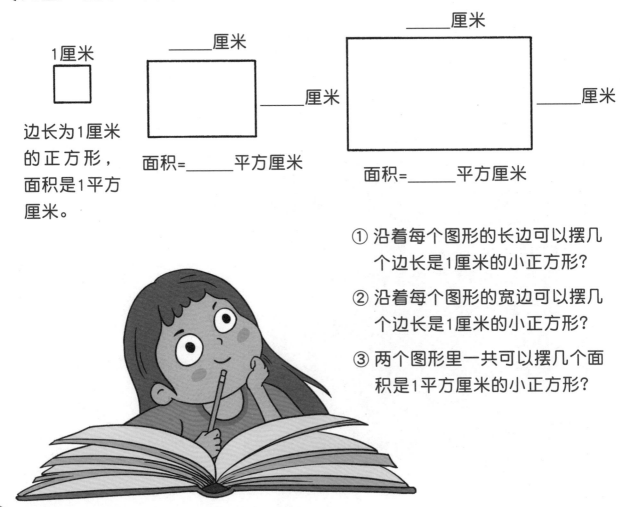

1厘米

边长为1厘米的正方形，面积是1平方厘米。

_____厘米

_____厘米

面积=_____平方厘米

_____厘米

_____厘米

面积=_____平方厘米

① 沿着每个图形的长边可以摆几个边长是1厘米的小正方形？

② 沿着每个图形的宽边可以摆几个边长是1厘米的小正方形？

③ 两个图形里一共可以摆几个面积是1平方厘米的小正方形？

✏️ 请比一比、算一算，回答下面的问题。

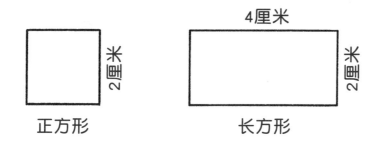

正方形的面积是_____平方厘米；长方形的面积是_____平方厘米。

✏️ 算一算下面两张彩纸的大小，把面积更大的彩纸的序号圈出来。

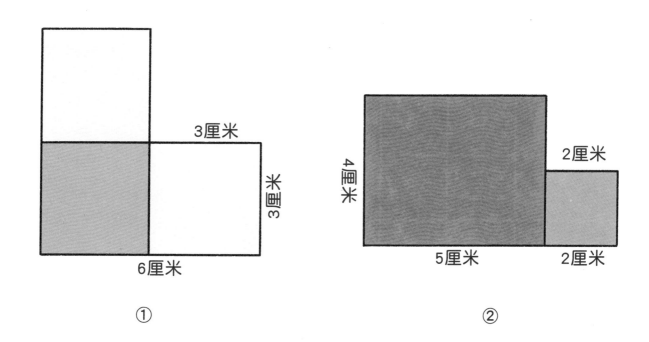

①   ②

✏️ 请观察统计图，回答下面的问题。

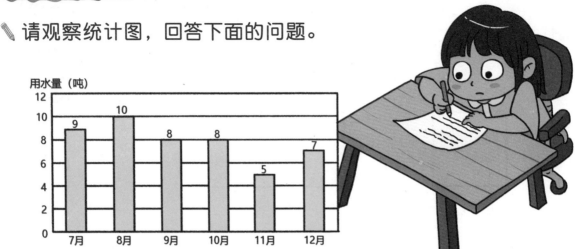

① 米米家下半年用水量最多的一个月和最少的一个月用水量相差_____吨。

② 12月再节约_____吨水，用水量就和11月一样了。

✏️ 二班对同学们最喜欢吃的水果做了调查，请你根据统计表把条形统计图补充完整，然后回答问题。

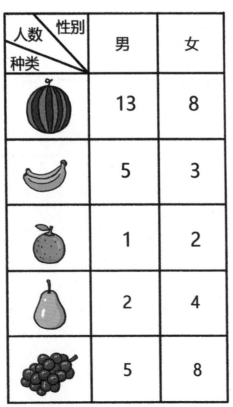

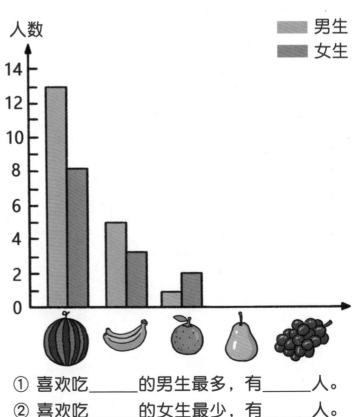

① 喜欢吃_____的男生最多，有_____人。

② 喜欢吃_____的女生最少，有_____人。

✎ 向阳小学低年级学生参加兴趣小组的情况如下表，请根据统计表，完成复式条形统计图，然后回答下面的问题。

人数 年级 兴趣 小组	一年级	二年级
美术	40	18
书法	22	40
电脑	50	30
科技	25	45

兴趣小组情况统计图　　一年级 ▩　　二年级 ▩

兴趣小组

科技

电脑

书法

美术

0　10　20　30　40　50　60　人数

① _____小组的人数最多，_____小组的人数最少。

② 一年级学生比较喜欢_____小组，二年级学生比较喜欢_____小组。

✎ 负数是比0小的数，负数与正数表示意义相反的量。请回答下面的问题。

① 足球比赛中，赢了5个球记作"+5"，那么输了3个球记作_____，"－2"表示输了_____个球。

② 嘉嘉现在在4层，要去地下2层。她一共需要乘坐_____层电梯。

③ 琳琳向东出发，走了300米，用"+300"表示；小舒向西出发，走了500米，可以表示成_____。

✎ 学校对学生们进行跳绳测试，规定每分钟跳20次达标记作"0"。超过20次的部分用正数表示，不足20次的部分用负数表示。请回答下面的问题。

① 跳得最多的同学跳了_____次。

② 跳得最少的同学跳了_____次。

③ 没有达标的小朋友有_____人。

学号	1	2	3	4	5	6	7	8	9	10
个数	－ 2	＋ 3	＋ 5	0	－ 7	＋ 4	＋ 15	＋ 6	＋ 5	－ 9

✏️ 超市里正在促销海鲜，轩轩一共有7元钱。请看图回答问题。

花蛤 9元
500g±30g

三文鱼14元
100g±10g

鱿鱼9.98元
500g±50g

鲈鱼 7元
500g±20g

① 轩轩最多能买到_____克鲈鱼，
　最少能买到_____克鲈鱼。

② 轩轩最多能买到_____克三文鱼，
　最少能买到_____克三文鱼。

✏️ 比较大小，在○中填写">"或"<"。

－6 ◯ 1　　　　50 ◯ 25　　　　0 ◯ － 3

－5 ◯ － 2　　　　－ 78 ◯ 1　　　　4 ◯ － 4

奇奇和朋友们早上9:00到达动物园，在动物园度过了
愉快的一天。请看图回答问题。

① 贝贝迟到了，又过了 $\frac{1}{3}$ 小时她才到动物园，她到达的时间是_____，请在图中的钟面上把它画出来。

② 奇奇沿着动物园周边骑了一圈，一共骑了_____千米。

③ 奇奇骑行1千米大约需要5分钟，他围着动物园骑行一圈大约需要_____分钟。

1.2千米

1千米

④ 然然从飞禽馆到狮虎山走了大约2000步，如果每步长50厘米，飞禽馆到狮虎山大约_____米。

⑤ 下午4:30，奇奇和朋友们离开动物园，他们一共参观了_____小时。

✎ 春天到了，动物们在自己家的田地里忙起来了。

① 观察小兔子和小狗家的田地，谁家的面积大？请在相应的〇里画"√"。

小兔子 〇　　小狗 〇

② 小兔子和小狗分别在田地的周边围一圈篱笆，谁家的篱笆长？请在〇内填上">""<"或"="。

小兔子 〇 小狗

③ 鸭子和鹅各分到圆形田地的25%，公鸡分到圆形田地的50%，请你在扇形统计图中相应的位置写上对应动物的名称。

✎ 乐乐和贝贝玩摸球游戏。乐乐摸到各种颜色球的次数统计表如下：

红球	正正正正	（　　）次
白球	正	（　　）次
黄球	正正正	（　　）次

① 请把表格补充完整。

② 盒子里可能_____球最多，_____球最少。

③ 轮到贝贝摸了，她摸到_____的可能性大一些。

④ 乐乐根据摸球的结果，把三种球的占比做了一个扇形统计图，你认为哪个
最恰当？请在相应的□里画"√"。

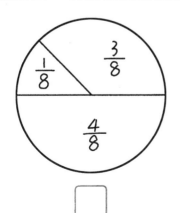

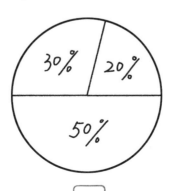

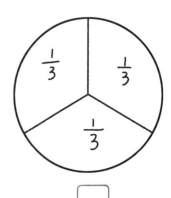

□　　　　□　　　　□

✎ 一班有32名学生，图1是班中男生、女生人数占总人数的统计图，请你根据图1的信息完成图2的绘制。

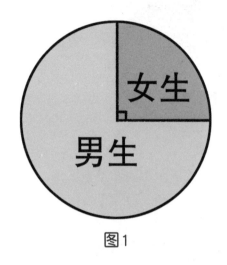

图1

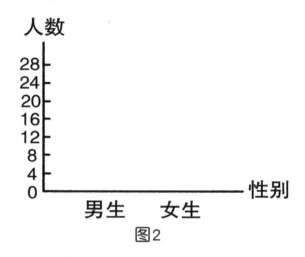

图2

✎ 小蚂蚁和小蜗牛围着花坛散步。请看图回答问题。

①

②

这两个花坛的面积的关系是_____。

A．①大　　B．②大　　C．一样大

这两个花坛的周长的关系是_____。

A．①大　　B．②大　　C．一样大

✎ 熙熙家附近有两个公园。请看图回答问题。

120米

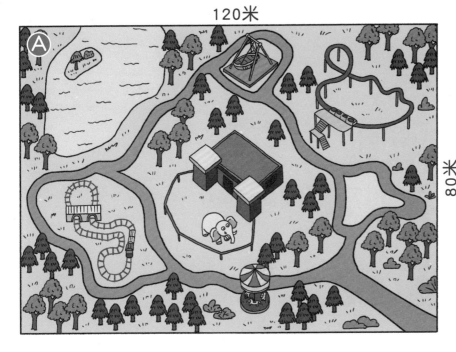

80米

100米

100米

① 如果绕公园外围走一圈,去哪个公园走的路更长?

A公园　◯

B公园　◯

一样长　◯

② 熙熙每天都会绕着公园A的外围晨跑5圈,她每天要跑_____千米。

③ 熙熙家到最近的公园B,步行需要10分钟,她围绕公园晨跑5圈大约用时15分钟,那么她最晚在_____出门才能正好赶在8点回到家吃早餐。

✎健康饮食很重要，究竟每类食物我们一天应该摄入多少，三餐该如何分配呢？请你阅读下面两个材料，结合实际生活设计一天的健康食谱。

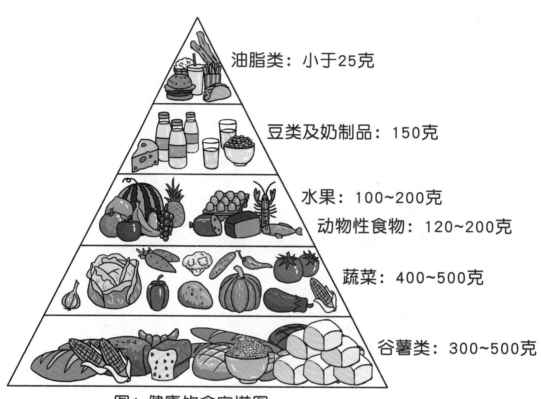

油脂类：小于25克

豆类及奶制品：150克

水果：100~200克

动物性食物：120~200克

蔬菜：400~500克

谷薯类：300~500克

图1 健康饮食宝塔图

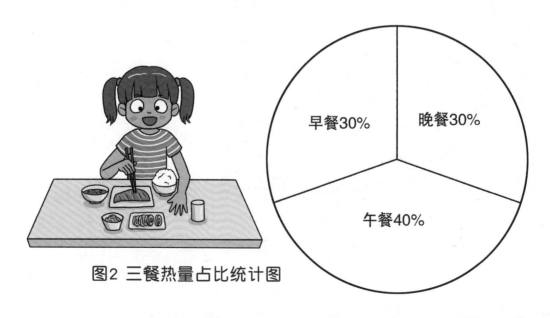

早餐30%

晚餐30%

午餐40%

图2 三餐热量占比统计图

设计食谱时我们还需注意荤素搭配、粗细粮搭配，每天吃适量的水果和蔬菜。现在请你设计出你一天的健康食谱吧。

例：

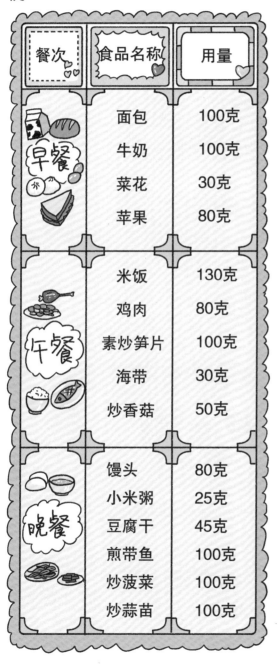

餐次	食品名称	用量
早餐		
午餐		
晚餐		

洛克数学启蒙练习册4-C答案

P2

请猜要从每层书架上取一本书，请你算一算，共有 **18** 种取法。

共有 **6** 种安排方法。

共拍了 **3** 张照片。

P3

铅笔盒12元　笔记本4元　橡皮2元　铅笔1元

14元 **16元 13元 6元 5元 3元**

共通了 **10** 次电话。

P4

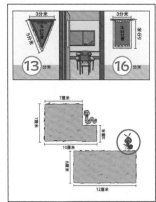

3分米　3分米
5分米　5分米

13 分米　**16** 分米

7厘米　10厘米　12厘米

P5

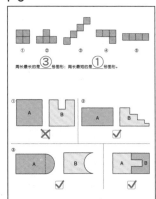

① ② ③ ④ ⑤

周长最长的是 **③** 号图形；周长最短的是 **①** 号图形。

① A B ✗
② A B ✓
③ A B ✓
④ A B ✓

P6

写日计算能用到秒
我采天午睡能用到 小时
第一场电影要用到 分钟

超市

营业时间 早上9:00 晚上9:00

营业 ○　未营业 ✓

如果未营业，小樽还要等 **5** 分钟。

P7

60秒 < 6分
300秒 < 6分
2小时 > 180分

1小时 < 30分
1/2小时 = 45分

8分钟　20分钟　1分钟　5分钟

P8

一年有 **12** 个月
48小时有 **2** 天
5个星期有 **35** 天
6月有 **30** 天
2023年7月有 **31** 天

2008年　1956年　1990年　2012年　2029年　2043年　2100年

P9

7月 2023
8月 2023

① 这是 **2023** 年 **7** 月和 **8** 月的月历表，这两个月共有 **62** 天。
② 依依从7月16日开始放暑假，请在月历中将这天圈出来，这天是星期 **日** 。
③ 依依每周六和周日去游泳，这两个月她一共去了 **18** 次。
④ 爸爸一共要出差10天，他 **8** 月 **4** 日回来。
⑤ 依依9月1日开学，她暑假一共放了 **47** 天假。

P10

	钢琴	画画	舞蹈
小慧		✓	
玲玲	✓		
明明			✓

① 他抽到 **纪念** 奖的可能性最大，抽到 **一等** 奖的可能性最小。
② 如果想让抽到三等奖和纪念奖的可能性一样大，可以增加 **50** 个三等奖或者减少 **50** 个纪念奖。

P11

① 见左图；
② 见右图。

答案不唯一。

P12

晶晶身高165 **厘米** ，体重55 **千克** ，她拿着厚约 **毫米** 的身份证买了一张去天津的高铁票。上了一节约25 **米** 的车用，经过了33 **分钟** ，到达了距离北京约120 **千米** 的天津。

P13

① ② ③
④ ⑧ ⑨
⑤ ⑦ ⑥

三次
组合方案不唯一。

P14

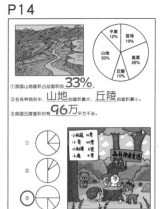

①我国山地面积占总面积的 **33%**。
②在各种地形中，**山地** 的面积最大，**丘陵** 的面积最小。
③我国丘陵面积大约有 **96万** 平方千米。

P15

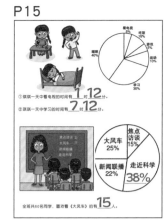

①琪琪一天中看电视的时间有 **1** 时 **12** 分。
②琪琪一天中学习的时间有 **2** 时 **12** 分。
全班共60名同学，喜欢看《大风车》的有 **15** 人。

P16

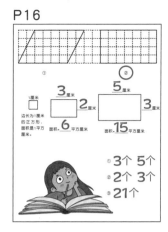

边长为1厘米的正方形，面积是1平方厘米。
面积 **6** 平方厘米
面积 **15** 平方厘米
① **3个** **5个**
② **2个** **3个**
③ **21个**

P17

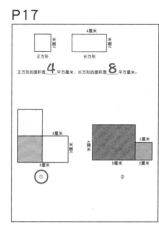

正方形的面积是 **4** 平方厘米；长方形的面积是 **8** 平方厘米。
①（圈选） ②

P18

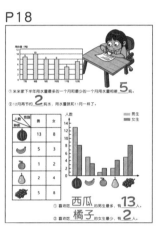

①米米家下半年用水量最多的一个月和最少的一个月用水量相差 **5** 吨。
②12月再节约 **2** 吨水，用水量就和11月一样了。
①喜欢 **西瓜** 的男生最多，有 **13** 人。
②喜欢吃 **橘子** 的女生最少，有 **2** 人。

P19

① **电脑** 小组的人数最多，**美术** 小组的人数最少。
②一年级学生比较喜欢 **电脑** 小组，二年级学生比较喜欢 **科技** 小组。

P20

①足球比赛，赢了5个球记作"+5"，那么输了3个球记作 **-3**，"-2"表示输了 **2** 球。
②晶晶现在在4层，要去地下2层，她一共要坐 **6** 层电梯。
"+300"表示：小舒向西出发，走了500米，可以表示成 **-500**。
跳得最多的同学跳了 **35** 次。
跳得最少的同学跳了 **11** 次。
没有达标的小朋友有 **3** 人。

学号	1	2	3	4	5	6	7	8	9	10
个数	-2	+3	+5	0	-7	+4	+15	+6	+5	-9

P21

①轩轩最多能买到 **520** 克鲈鱼，最少能买到 **480** 克鲈鱼。
①轩轩最多能买到 **55** 元三文鱼，最少能买到 **45** 元三文鱼。

-6 **<** 0   50 **>** 25   0 **>** -3

-5 **<** 0   -78 **<** 0   4 **>** -4

P22~23

①贝贝迟到了，又过了半小时她才到动物园，她到达的时间是 **9:20**。
②奇奇沿着动物园周边转了一番，一共走了 **7** 千米。
③奇奇骑行1千米大约要5分钟，他逛遍动物园骑行一圈大约需要 **35** 分钟。
④然后从飞禽馆到猛虎山走了大约2000步，如果每步长约50厘米，飞禽馆到猛虎山大约 **1000** 米。
⑤下午4:30，奇奇和朋友们离开动物园，他们一共游玩 **7.5** 小时。

P24

①小兔子 ✔ 小狗 ○
②小兔子 **=** 小狗

P25

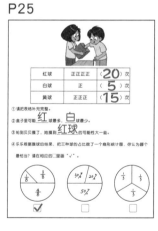

红球	正正正正	（**20**）次
白球	正	（**5**）次
黄球	正正正	（**15**）次

②盒子里 **红** 球最多，**白** 球最少。
③玲玲提了，她摸到 **红球** 的可能性最大。
④（第一个 ✔）

P26

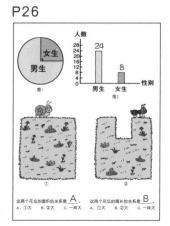

图1 女生 男生
图2 人数 24 / 8 男生 女生
这两个花坛的关系是 **A**。
这两个花坛周长的关系是 **B**。

P27

①如果绕公园外圈走一圈，去哪个公园走的路更长？ **B公园**（选）
②照照每天都会绕着公园A的外围跑5圈，她每天要跑 **2** 千米。
③照照最迟 **7:25** 出门才能正好赶在8点回到家吃早餐。

P28

图2 三餐热量占比统计图：早餐30% 晚餐30% 午餐40%

P29

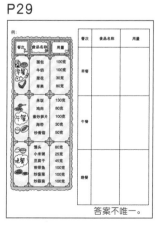

答案不唯一。